儿童情绪自控力工具箱 ③

调节情绪感受的“自控菜单”

[美]劳伦 · 布鲁克纳（Lauren Brukner）著
[美] 阿普斯利（Apsley）绘
颜玮 译

U0404156

机械工业出版社
CHINA MACHINE PRESS

Copyright © Lauren Brukner, 2014
Illustrations copyright © Apsley 2014
All rights reserved.
This translation of 'The Kids' Guide to Staying Awesome and In Control: Simple Stuff to Help Children Regulate their Emotions and Senses' is published by arrangement with Jessica Kingsley Publishers Ltd. www.jkp.com.
Simplified Chinese Translation Copyright©2023 by China Machine Press.
This edition is authorized via Chinese Connection Agency for sale throughout the world.
北京市版权局著作权合同登记　图字：01-2021-5283 号。

图书在版编目（CIP）数据

儿童情绪自控力工具箱. 3，调节情绪感受的"自控菜单"/（美）劳伦·布鲁克纳（Lauren Brukner）著；颜玮译. — 北京：机械工业出版社，2023.3

ISBN 978-7-111-72573-2

Ⅰ. ①儿…　Ⅱ. ①劳…　②颜…　Ⅲ. ①情绪–自我控制–儿童读物　Ⅳ. ①B842.6–49

中国国家版本馆CIP数据核字（2023）第010901号

机械工业出版社（北京市百万庄大街22号　邮政编码100037）
策划编辑：刘文蕾　　　　责任编辑：刘文蕾
责任校对：薄萌钰　张　征　　责任印制：常天培
北京机工印刷厂有限公司印刷
2023年5月第1版第1次印刷
130mm × 184mm · 4.25印张 · 66千字
标准书号：ISBN 978-7-111-72573-2
定价：129.00元（全4册）

电话服务　　　　　　　　网络服务
客服电话：010–88361066　　机　工　官　网：www.cmpbook.com
　　　　　010–88379833　　机　工　官　博：weibo.com/cmp1952
　　　　　010–68326294　　金　　书　　网：www.golden–book.com
封底无防伪标均为盗版　　　机工教育服务网：www.cmpedu.com

献给我的丈夫和三个孩子

我爱他们胜过一切

前　言

这是一套关于孩子“情绪自控力”的图书。

学会掌控自己的情绪，是孩子成长过程中一个非常重要的维度。孩子身上的很多问题，比如无法专心学习、出现各种各样的问题行为，背后往往是“情绪”在作祟，使他们处于某种负面情绪状态，并且无法很快从中脱身出来。而这套书，就是要教给孩子一系列实用的技能，让他们能在遭遇负面情绪时，及时进行自我调整。

1. 四种情绪状态

建立情绪自控力，第一步是要让孩子能够识别自己的情绪状态。在这套书里，作者把人的情绪状态分为了四类：

第一种状态叫“刚刚好”。“刚刚好”是一种平和、安详的情绪状态，在这种情绪状态下，我们专注于自己正在做的事，可以开展深入的思考，也更容易感受到快乐。这也是我们需要尽可能去维持的情绪状态。

第二种状态叫“缓慢而疲倦”。“缓慢而疲倦”会给人一种筋疲力尽的感觉，我们可能会感觉自己四肢沉重，或者觉得自己很困。在这种状态下，我们很难集中注意力，有时还会变得很急躁。

第三种状态叫“快速而情绪化”。在这种状态下，我们在行为上会显得很亢奋，但是这种亢奋往往是由压力和令人烦心的事带来的。

最后一种状态叫“快速而摇摆不定”。当我们感觉“快速而摇摆不定”时，身体动作往往会不自觉地增多，以释放自己多余的精力和能量。这种情况下，我们也会很难集中自己的注意力。

有了这个分类，孩子会更容易分辨自己当下正处在哪种情绪状态之中。当他们意识到自己正在经历“缓慢而疲倦”“快速而情绪化”或“快速而摇摆不定”的状态时，会更主动地想到：“我需要想办法调整一下自己的情绪状态了。”

2. 三类应对策略

当然，只是意识到自己需要做出调整还不够，关键还要掌握能有效调整自己情绪状态的方法和策略。这正是整套书想要提供给孩子的。

这套书为孩子提供了三类适用于不同场景的情绪调整策略。

第一类策略我们称之为“随时随地让身体休息一下”。主要是一些我们在日常站姿或坐姿下就可以完成的小幅度动作，不需要使用其他工具，也不会占用太长时间。这意味着使用这类策略调整自己的情绪状态，不会打断我们正在做的事情，并且随时随地都可以做。

第二类策略是“工具”。有时候我们需要使用一些工具来帮助自己调整情绪状态。这里说的工具都是一些日常生活中很常见的物品，是一些物理的、有形的东西，很容易找到。它们可以帮助我们变得有条理、平静、重新集中精神并关注自己的身体。

第三类策略是“让身体彻底休息”。相对于前两类策略，“让身体彻底休息”是一种用自己身体进行的动作幅度更大的练习，这些练习往往需要专门的空间和时间来进行，这也意味着它会打断我们正在做的事。当然，相对而言，这类策略调整情绪状态的效果也是最强的。

在本套书中，以上每类策略都包含一系列具体的动作练习或工具，帮助孩子掌握调节自己情绪状态的技能。

这些基于心理学研究的练习和工具，会帮助孩子联结身体和情绪，通过让身体“跨越中线”、为身体提供“本体感觉输入”等方式，达到调节情绪的目的。

3. 如何更好地使用这套书？

这套书共包含 4 册，每册分别从孩子和成人两个视角展开：前半部分主要针对孩子的情绪状态，提供了很多简单易操作的、提升情绪自控力的方法；后半部分主要针对父母、教师及相关的教育者，提示他们如何正确地运用书中提供的方法和策略，以更好地帮助孩子。每本书的附录还把全书中的工具和方法进行了汇总和图示化，如“刚刚好”自检表、“我的十大优点”卡、自我观察清单、标记自己的感觉等，一目了然，便于读者更好地选用。

以上这些内容在本套书中都是以轻松的、适合孩子的方式呈现的。通过掌握这一系列的方法技能，孩子可以建立属于自己的情绪自控力，逐步成为自己情绪的主人，迈出自我成长中的关键一步。

致　谢

很多人帮助我完成了这本书。首先，最重要的是，我要感谢杰西卡·金斯利出版社的编辑雷切尔·曼齐斯，感谢她在这本书出版过程中的耐心、努力和支持；感谢杰西卡·金斯利出版社的编辑维多利亚·尼古拉和莎拉·敏蒂，感谢她们的奉献和努力，使我的这本书能成为今天这个样子；感谢杰西卡·金斯利出版社的市场营销助理凯特琳·巴特尔森在市场营销和媒体方面的努力；感谢杰西卡·金斯利出版社的其他员工，谢谢你们信任这本书和书中的信息，谢谢你们为了支持这本书的出版而做出的所有努力。

我还要对在这些年里找我做过治疗的无数的父母和孩子们说：谢谢你们的智慧，以及你们的微笑和大笑，还有你们的眼泪，而最重要的是，谢谢你们对我的信任。无论是作为治疗师还是作为普通人，我都从你们身上学到了很多东西。你们在我的心中有着特殊的位置。我也想对这些年我有幸与之合作的老师、辅导员、理疗师、职业治疗师、言语治疗师、社会工作者、心理学家、助手和助理们说：你们真的太了不起了。你们的专业精神、你们对孩子们的爱、你们的天赋以及内心真正的善良是非常鼓舞人心的。我还想对那些我还没有机会认识的父母、教师、治疗师和其他工作人员说：你们是我写作这本书的动力。你们的善良、勇气、微笑和对孩子们的支持让我始终相信这个世界可以一天天变得更加光明。

最后，我必须感谢我的家人。乔尔：谢谢你在无数的清晨、下午和晚上，在我因为要写出这些篇章而烦躁地躲开孩子们时，独自与他们待在一起。如果没有你的爱、支持和无尽的耐心（不仅是对孩子们），这本书就不可能写成。你是一位了不起的丈夫和父亲，我永远无法表达我每天是多么感激你。莎娜、约瑟夫和莉安娜：你们都很年幼，但你们很快就成了我最好的老师。你们三个是我灵感的来源，而且你们每天都能带给我欢乐。你们每个人都很特别。我永远爱你们。

目　录

第二部分 写给成年人：为孩子提供方法与支持

附 录

第一部分

写给孩子们：
送你们一个感官工具箱

导　读

孩子们，让我告诉你们一些关于我和这本书的故事！

我叫劳伦，是一名职业治疗师。我每天都和孩子们一起工作，我热爱我的工作！我以各种不同的方式帮助不同年龄段的学生在身体和心灵上保持平静。

我可以告诉你们一个秘密吗？当我还是个孩子的时候，我在课堂上经常没办法集中注意力，我也没办法说出是什么事情在困扰我。当我感到悲伤、愤怒或沮丧时（老实说，这种情况经常发生），我很难平静下来。在学校的时间常常很难熬，在家的时间也一样，而且我常常觉得我无法控制自己的生活。我认为，我所遇到的这些困难不仅让我成长了，而且让我渴望有一份这样的工作：它不仅可以帮助孩子们了解他们的感受是什么，还可以让孩子们获得力量和控制权，通过自我练习、使用工具或其他策略（我知道“策略”对你们来说是个大词，不过别担心，我稍后会做出更多的解释）来改变或改善那些感受。

为了更好地帮助你们这些了不起的读者，我尽一切努力将所有不同的策略和工具都写到了这本书里。这些策略和工具对我自己、对我帮助过的孩子、对我自己家的三个孩子都是有效的。我希望这些策略和工具可以帮助你们正确地感受并控制自己的身体、情绪和行为。写这本书让我超级兴奋，我简直迫不及待想和你们分享我的工具箱了！

第一章

给感觉打上标签

在本章中，我将向你们介绍三类非常重要（但乍一听起来很奇怪）的感觉，我们将在整本书中使用它们。

几乎你们遇到的所有生理上（在你们身体上的）或情绪上（在你们脑海中或心中的）的感受都可以归入这

三个类别。

这三个类别是：

- 缓慢而疲倦
- 快速而情绪化
- 快速而摇摆不定

人在冷静的时候，会感觉“刚刚好”。“刚刚好”的状态是平和而安详的。你的呼吸缓慢而均匀。你能感受到快乐。你能把注意力集中到父母、老师和朋友身上。你没有感觉生气，也没有觉得太累或太摇摆不定。

缓慢而疲倦

人在“缓慢而疲倦”时，身体会感到非常累。也许，你躺在地板上，感到自己连坐起来的力气都没有，更别说要坐在椅子上了。你也许会感觉自己累得睁不开眼，自己的两条胳膊和两条腿也沉重得无法移动。

这个时候，想要让你关注老师或父母是很困难的，你甚至都没办法与朋友们交谈或玩耍。你的动作可能是非常缓慢的，或者，也可能是非常快速的（也许因为你想用超快的动作来唤醒自己吧）。

当你在本书的图片、策略性建议或者工具的旁边看到这个符号时，那就意味着那里提到的策略性建议、练习或工具可以在你感觉“缓慢而疲倦”时为你提供帮助。

快速而情绪化

有时，你可能会感到“快速而情绪化”。 你的心跳特别快，周围的声音听起来特别大，你看到的物体显得特别明亮。你的大脑可能正在想着那些让你感到有压力或觉得担心的事情。你的身体移动得很快，就好像你正在逃离某个真正的危险似的。你也许表面上显得很亢奋，但其实，你正在思考的事情正让你感到特别烦心。

当你在本书的图片、策略性建议或者工具的旁边看到 这个符号时，那就意味着那里提到的策略性建议、练习或工具可以在你感觉“快速而情绪化”时为你提供帮助。

快速而摇摆不定

当你感觉“快速而摇摆不定”时，你的身体会感觉需要动起来。你的能量太多了以至于必须要释放出来！你可能很难把注意力集中在老师和父母身上，甚至也无法把注意力集中到朋友身上。有时，你甚至都很难用正确的方式和朋友们一起玩（例如，玩叠叠乐积木时，你可能会不小心撞塌那个已经搭好了的积木塔，因为轮到你的时候，你比朋友们需要更多地移动身体）。

当你在本书的图片、策略性建议或者工具的旁边看到 这个符号时，那就意味着那里提到的策略性建议、练习或工具可以在你感觉“快速而摇摆不定”时为你提供帮助。

几乎每个人每天都至少会体验这三种感觉中的两种（是的，成年人也一样）。谢天谢地，我们还有很多很好的感觉来平衡这些不太好的感觉。我们需要的技巧是：当那些恼人的“缓慢而疲倦”“快速而情绪化”或“快速而摇摆不定”的感觉出现时，我们知道用什么办法来应对它们。

所以，事情就是这样的。我们的身体总是试图要达到“刚刚好”的状态。作为一个孩子，你可能需要一些帮助才能让你的身体有这种感觉。这正是那些令人惊叹的身体休息、策略性建议和工具能够大展身手的地方。

第二章
随时随地让身体休息一下

我们已经了解了“缓慢而疲倦”“快速而情绪化”和“快速而摇摆不定”三种感觉的定义。我们知道，在一天当中体验其中一种或是所有三种感觉都是正常的（记住，你的老师和父母也会有那些感觉）。那么，你能对这些感觉做些什么呢？嗯，首先要尝试的当然就是：无论你在任何地方，都可以让身体休息一下！现在，让我来告诉你“随时随地让身体休息一下”指的是什么，以及为什么你需要使用这种方法（在我看来，如果不明白它们是什么，以及它们为什么会有效，那么人们为什么要费心去做那些练习呢？反正，如果弄不明白这两件事，我是肯定不会去做的）。

什么是“随时随地让身体休息一下”？

“随时随地让身体休息一下”是一种可以用你自己

的身体来做的“小动作”练习。我把它叫“小动作”的原因是：你可以在正常坐着或正常站着的时候做，做的时候也不用改变你整个身体的位置。这种做法真的很有效，而且，特别好的是，它完全不会干扰到你正在做的事情，它不需要使用任何工具，也不需要花费很长时间。这意味着你可以更快地完成工作并且变得更加专注，这样，你就可以有更多的时间去做你想做的事情了！我现在必须声明：你一定要把“随时随地让身体休息一下”这个方法作为你追求“刚刚好”感觉的第一步。

这个方法为什么有效？

所以，现在我们知道了“随时随地让身体休息一下”指的是什么。然而，它们为什么会有效呢？又是怎样产生效果的呢？是什么原因让它们这么厉害呢？

- 原因 1：你自己就可以做。你不需要另一个人的帮助，也不需要借助一个挤压球，你一个人就可以了！
- 原因 2：你可以在任何地方去做：超市，休息室，健身房，考场……

- 原因 3：这些练习非常“不明显”，没有人能知道你在做这些练习。

- 原因 4：这些练习的目的是让人平静下来和保持专注，所以在考试前或者当你感到压力大、愤怒或沮丧的时候，它们是非常有用的。

- 原因 5：这些练习大多会采用一种模式，这种模式会涉及一种非常炫酷的科学术语，叫“跨越中线”——就是用身体左右的其中一部分跨过另外一部分。这个动作会让你大脑的其中一半和另一半“对话”，从而帮助你在需要的时候集中注意力。

- 原因 6：这些练习大多都涉及使用深度压力或“本体感觉输入”（让你的身体知道自己在空间中的位置）。所以，只要你做这些休息动作的时候缓慢而且有稳定的压力，那么无论你感觉自己“缓慢而疲倦”“快速而情绪化”还是“快速而摇摆不定”，你都会感受到自己是可以掌控自己的。

好啦，伙计们！现在我们已经准备好去学习“随时随地让身体休息一下”的具体练习了。按照动作要领中的说明去做吧，做完每一项之后看看你的身体感觉如何，再回想一下前面学过的如何给你的感觉打标签。这样的回顾和对比可以帮助你确定哪些练习能够让你感觉“刚刚好”。

记住，你可以在每个练习旁边寻找到匹配每种感觉的辅助符号。那些辅助符号可以快速提醒你那个练习将如何帮助你。例如，你可以在“手臂饼干圈”的旁边看到和符号，于是你马上就知道了，“手臂饼干圈”这个动作可以在你感到“缓慢而疲倦”或“快速而摇摆不定”的时候帮助你。

手臂饼干圈

保持 10 秒钟。

这个练习会让你“跨越中线”。如果你感到自己“缓慢而疲倦”或“快速而摇摆不定”的话，这种方法可以非常有效地帮助你，让你能够集中注意力。

动作要领：

★ 伸出双臂，就像海豹那样。

★ 交叉双臂。

★ 掌心贴在一起。

★ 手指交叉。

★ 把手臂扭回到胸部。

吹泡泡呼吸法

吸气 5 秒钟，呼气 5 秒钟。

无论你感到“缓慢而疲倦”“快速而情绪化”还是“快速而摇摆不定”，这都是一个很好的练习。这个练习可以把氧气输送到你的大脑，从而帮助你更好地思考。它也会让你做出更明智的选择。

动作要领：

★ 想象自己有一根用来吹泡泡的吸管。吹气的时候需要小心，千万不要把泡泡给吹爆了。

★ 一只手的手掌平放在心脏的部位，另一只手的手掌平放在腹部。

★ 通过鼻子吸气，慢慢吸，够 5 秒钟。

★ 撅起嘴唇吹气，慢慢吹，吹够 5 秒钟，想象自己吹出了一个超级大的“泡泡”。

给自己一个拥抱

无论你是感到“缓慢而疲倦”“快速而情绪化”或是“快速而摇摆不定”，这个动作都可以通过“本体感觉输入”来帮助你感觉自己腹部和背部的位置，然后帮助你冷静下来。

如果你感到“缓慢而疲倦”，它还能唤醒你。这个练习也会让你“跨越中线”。所以，当你感到“缓慢而疲倦”或“快速而摇摆不定”时，它可以有效地帮助你，让你能够集中注意力。

动作要领：

★ 在身体的前面交叉手臂，用力伸展，手掌从两侧抱住自己的身体。

★ 手臂用力从前向后或从两侧向中央挤压。保持5~10秒钟。

按摩手臂

从手腕到肩膀或从肩膀到手腕用力挤压双臂。

这个动作可以通过“本体感觉输入”来帮助你感觉自己的手臂在哪里，它可以在你感到“快速而情绪化”或是“快速而摇摆不定”时帮助你平静下来。

如果你感到“缓慢而疲倦”的话，它还能唤醒你。

替代方案：为了改善注意力，你可以手腕交叉，在同一时间挤压两个手腕，然后向上，同时挤压两条手臂！

动作要领：

★ 从手腕或肩膀开始，用力挤压一条手臂。

★ 上上下下反复做这个动作 5~10 次。

★ 对另一只手臂也做同样的动作。

替代方案：

★ 交叉手腕，同时挤压手腕。

★ 上下移动同时挤压手臂 5~10 次。

按摩双手

用一只手的拇指，用力按压另一只手的手掌，尽量将手掌上的每一个地方都按到。

这个动作可以通过“本体感觉输入”来帮助你感觉自己的双手在哪里，它可以在你感到“快速而情绪化”或 “快速而摇摆不定”的时候帮助你平静下来。如果你感到“缓慢而疲倦”的话，它还能唤醒你。

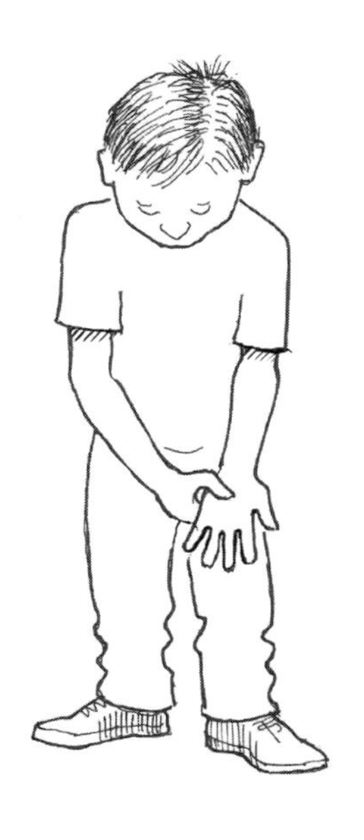

动作要领：

★ 用一只手的拇指按压另一只手的手掌 5~10 次。

★ 换另一只手，重复上述动作。

拉手指

十指指尖交叉，把双手锁在一起，保持 10 秒钟。

这个动作可以通过“本体感觉输入”来帮助你感觉自己的手指和手在哪里，它可以在你感到“快速而情绪化”或“快速而摇摆不定”的时候帮助你平静下来。

我经常对孩子们说：“把你们所有的坏情绪都放入你们的手指里，用力拉，把那些感觉从你们的身体里拉出来！”要一直用力拉着，直到你想停下来为止。试试吧，我打赌这会成为你最喜欢的动作之一！

动作要领：

★ 一只手的手掌向上，另一只手的手掌向下（双手手掌相对）。

★ 双手指尖勾到一起（大拇指除外），然后尽自己最大的力量朝两边拉。

★ 你的身体需要多久就拉多久（至少要拉 5~10 秒）。

推手掌

将手掌相对贴在一起用力互相推，保持 5~10 秒钟。

这个动作可以通过“本体感觉输入”来帮助你感觉自己的手指和手在哪里，它可以在你感到“快速而情绪化”或“快速而摇摆不定”的时候帮助你平静下来。如果你感到“缓慢而疲倦”的话，它还能唤醒你。

动作要领：

★ 将手掌相对贴在一起。

★ 双手用力推，保持这个姿势 5~10 秒钟。

向下推座椅

盘腿坐在地板上或双脚着地坐在椅子上。手掌平放在地板或椅子面上，向下推。坚持 5~10 秒钟。

这个动作可以通过“本体感觉输入”来帮助你感觉自己的手指和手在哪里，它可以在你感到“快速而情绪化”或 “快速而摇摆不定”的时候帮助你平静下来。

如果你感到“缓慢而疲倦”的话，这将是一个非常棒的练习。

注意：要确保不会把身体抬离地板太高，否则，你就没有正确地做这个练习，因为把身体抬离地板太远有可能会伤到你自己，或者，会让你变得更加“快速而摇摆不定”或更加“缓慢而疲倦”！

动作要领：

★ 交叉双脚坐在地板上，或者坐在椅子上将双脚平放在地板上。

★ 双手手掌放在地板上或椅子面上，用力向下推，把屁股从地板上或座位上推起来。

★ 坚持 5~10 秒钟。

数到十

停下你正在做的事情或正在说的话，安静地从一数到十，或者在脑海里默默地从一数到十。

当你感到“快速而情绪化”或 “快速而摇摆不定”的时候，这项策略会为你提供很好的帮助。

通过计数让自己停下来可以帮助你在采取行动之前更清晰地思考，同时也能让你更好地选择自己要说的话和自己要做的事。

动作要领：

★ 停！

★ 提醒自己“数十个数”，或者，你也可以用另一种你很熟悉而且能快速想到的方法来提醒自己，让自己在感觉困难的情形下能快速地开始做这个练习。

★ 用手指、计时器、钟表来计数，或者静静地在脑海里数数：1，2，3……

第三章
让我们来学习如何“使用工具”

好啦，你已经学会了如何随时随地让身体休息一下的策略。大多数时候，这些休息策略可以给你足够的运动或帮助，使你能够去做需要做的工作，能够和朋友一起玩耍，能够更好地度过和家人在一起的时光。然而，在某些情况下，这些“随时随地让身体休息一下”的办法是不够的。你可能会问：为什么会这样呢？而且，你又会推荐哪些“工具”呢？让我们一起来探索一下，好吗？

为什么“随时随地让身体休息一下”的方法不能总是有效呢？

之所以出现这种无效的情况，可能有如下原因：

- 原因 1：你前一天晚上睡得不好。
- 原因 2：你刚刚那顿饭吃得不好。
- 原因 3：你感觉极其“缓慢而疲倦”“快速而情绪化”或“快速而摇摆不定”。

如果是这样的话，那么接下来的一步就要使用“工具”了。但是，首先，也是最重要的，“工具”是什么呢？这是个很棒的问题！“工具”是你身体以外的东西（也就是说，它不是你身体的一部分）。不同行业的人会以不同的方式来使用工具。例如，建筑工人或勤杂工可以用锤子将钉子敲入两块木板，把两块木板合在一起。他们是靠锤子的帮助完成这项工作的。虽然我们并不会使用锤子，但我们将要讨论的“工具”是以类似的方式来帮助我们的。你将学习如何使用特殊的工具来帮助自己感觉“刚刚好”，这样你就可以去完成 “成为一个健康快乐的小孩儿”这项“任务”了。

注意：选择正确的工具可以让你感觉更好，选择错误的工具会让你感觉更糟。工具的作用很大程度上取决于你选择了哪种工具。

好了，你现在已经准备好迎接下一步了。让我们来学习如何使用工具让自己感觉“刚刚好”吧（并且，我们还要学习如何正确地使用工具，我会加上这部分的）。请记住，你可以寻找每个工具旁边的那些匹配每种感觉的符号。这些符号可以快速提醒你这个工具会为你提供怎样的帮助（例如，你会在“榻榻米靠背椅”旁边看到😑💤，这样你就马上知道它会在你感到“缓慢而疲倦”时帮助你）。

降噪耳机

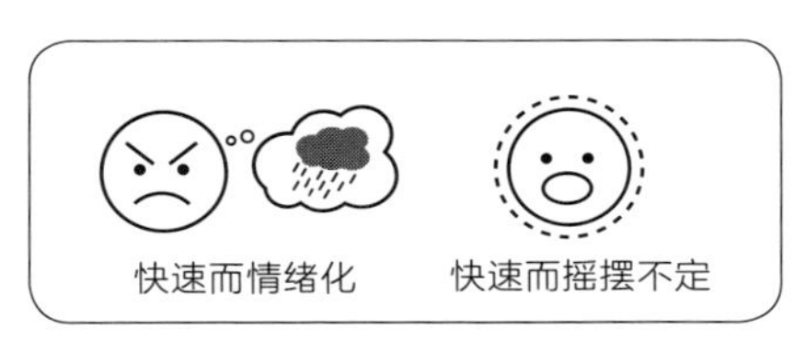

如果周围有太多的噪声，而你需要专心致志的话，你可以使用这样的工具。当你感觉“快速而情绪化”并且需要隔绝噪声让自己冷静时，这种耳机也会为你提供帮助。有时，当你的身体感觉“快速而摇摆不定”时，戴上耳机可以帮助你感觉“刚刚好”，让你能够将注意力集中到你的工作上。

坐垫

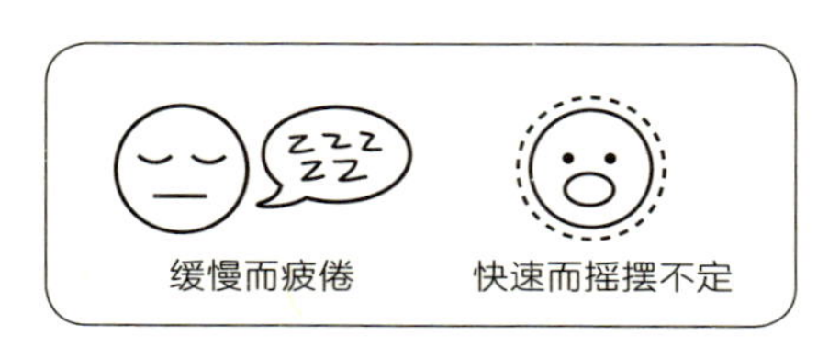

如果你坐不直的话，那么使用一个楔形坐垫会是个特别好的办法。楔形坐垫能迫使你坐得更直一些。或者你也可以使用圆形坐垫，这两种坐垫都是充气的，它们能迫使你不断地变换身体的姿势，让你不停地动。某些圆盘坐垫上面会有一些凸起物，有些则没有。有凸起物的坐垫能让你坐在上面的时候用手触摸到一些东西。无论你是用手还是用腿触摸那些凸起物，你都是在通过触觉给身体更多的输入，这种输入就是触觉输入。

如果你感到“缓慢而疲倦”的话，不妨试试这些坐垫吧。

提示：如果你需要立即就这么做但身边没有这种特殊坐垫的话，那么你可以用一个普通的枕头来代替，或者，将一件运动衫或蓬松的外套折叠起来用。这种使用坐垫的方法更隐蔽，但却非常有效！

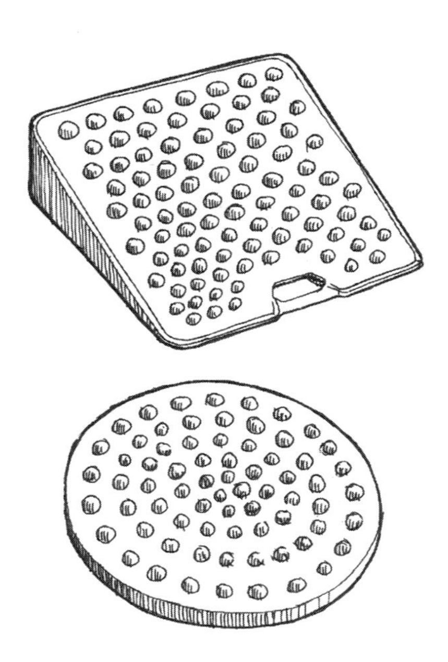

把玩件

把玩件是一个球或其他可以拿在手里“摆弄”的东西。

下面是使用这类工具时一些简单但非常重要的规则:

1. 把玩件不是玩具，不是让你用来玩的!

2. 你的眼睛必须始终盯着老师或演讲者（或你正在做的工作），而不是看着那个把玩件。

3. 把玩件不能离开你的双手。

4. 如果你感到自己“缓慢而疲倦”的话，那么使用有纹理的把玩件（比如有凸起的球等）是非常好的办法。无论你感觉自己“缓慢而疲倦”“快速而情绪化”还是“快速而摇摆不定”，你都可以使用有一定硬度的把玩件（比如内部填充了沙子、面粉或豆子的布袋）。就像“拉手指”一样，你在使用把玩件时要用心体会手指的感受，这样做会让这个工具更有效！

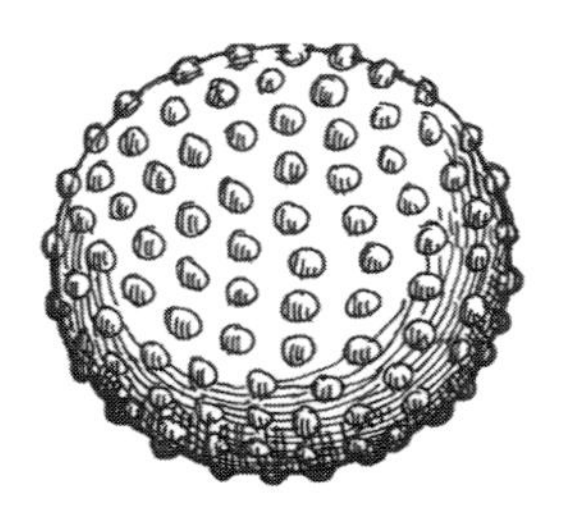

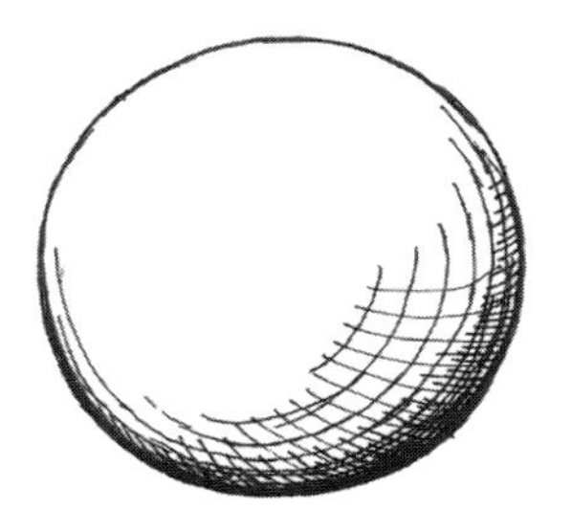

提示：有时你需要立即就这样做，但手头却没有真正的把玩件。这时，如果你有一块自粘魔术贴的话，你可以试试把它贴到桌子下面、椅子下面、地板上或笔记本的背面，把它暂时作为一个有纹理的把玩件（而且，只有你自己知道哦）。这种使用把玩件的方法更隐蔽，但却非常有效（如果你不相信自己能遵守上述规则的话，这种方法尤其有效）。

放在腿上或肩膀上的重垫子

你可以把有一定重量的、可折叠的垫子或类似的物品放在大腿上或肩膀上。

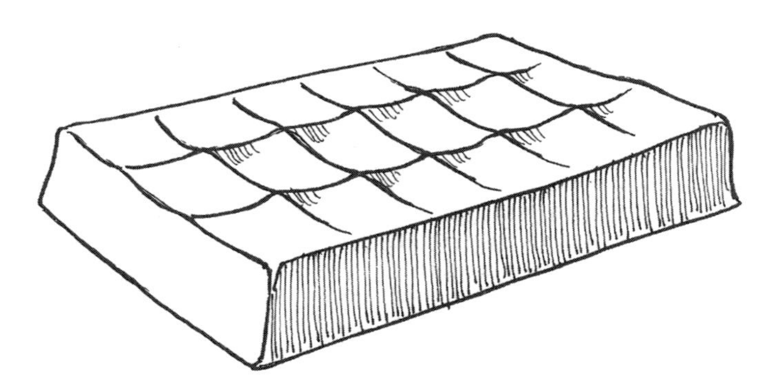

如果你感觉自己“快速而情绪化”或“快速而摇摆不定”的话，这将是一个很好用的工具，因为它可以为你提供“本体感觉输入”（让你的身体知道自己在空间中的位置）。

有重量的马甲背心

这个工具和前面提到的那种可以放在腿上的有重量的垫子类似，不过这是穿在身上的（穿在衣服外面或里面都可以）。穿上它的感觉就像得到了一个拥抱！

我建议（这只是我作为一名职业治疗师的建议）穿这种有重量的马甲背心时一次不要超过 20 分钟，而且马甲背心的重量也不要超过你自身体重的百分之五（最好先咨询职业治疗师后再使用这种工具）。

如果你感觉自己“快速而情绪化”或“快速而摇摆不定”，这将是一个不错的工具，因为它可以为你提供“本体感觉输入”（让你的身体知道自己在空间中的位置）。

紧身马甲背心 / 紧身衣

这类服装由紧绷而牢固的材料制成，它可以为你的身体（尤其是肩膀和腰部）提供“神奇”的“本体感觉输入”。穿上这类服装，会让人感觉非常镇定，就像得到一个拥抱。

你可以整天都穿着它。如果你感觉自己“缓慢而疲倦”“快速而情绪化”或“快速而摇摆不定”的话，就套上这样一件紧身马甲背心吧。

如果你知道这一天可能是艰难的一天（漫长的一天、面临大考的一天、艰难时刻的前夜，等等），那么你也可以在自己的衣服里面穿上紧身衣（比如，一件紧身 T 恤）。它可以帮助你一整天都感到可以自控。

摇椅

如果你感觉自己“快速而情绪化”或“快速而摇摆不定”的话，那么你可以坐到摇椅上，缓慢而有节奏地摇摆。

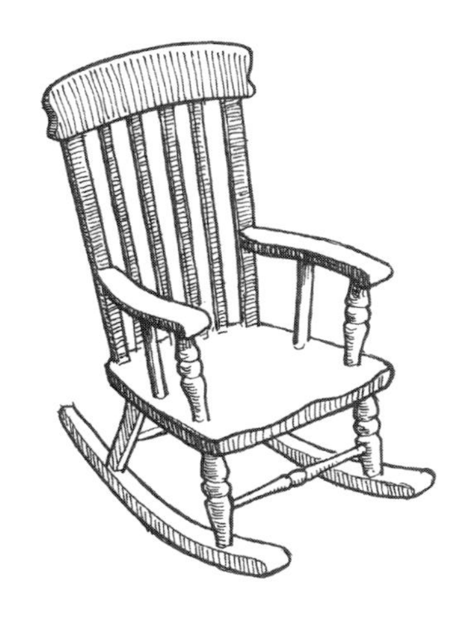

当老师让你们坐在地毯上学习或读书时，或者你自己在家里阅读或从事其他必须长时间坐着的活动时，你可以坐在摇椅上。

榻榻米靠背椅

如果你感到自己“缓慢而疲倦”的话，可以在地毯上使用这个工具。它可以帮助你更好地坐着和集中注意力，因为它可以让你倚靠着，同时也为你的背部提供了我们一直在说的那种“本体感觉输入”。

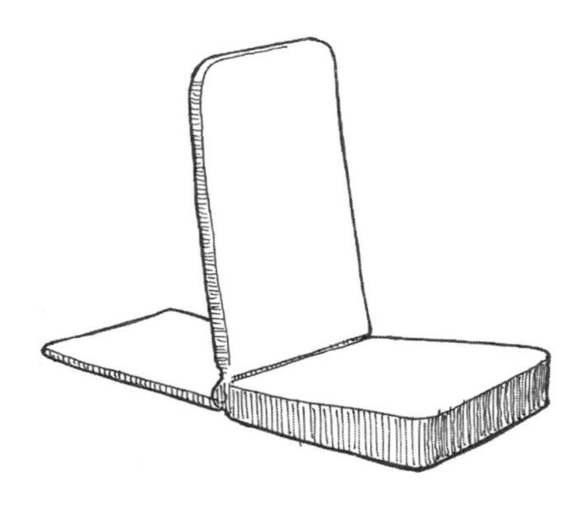

替代方案：身边没有榻榻米靠背椅吗？用大号的沙发垫或枕头靠着墙或靠着地毯上的一溜长长的书柜摆放，然后倚靠着沙发垫或枕头坐下来！

桌子围挡

当你伏案工作时，是否会因为受到别的人、海报或其他东西的干扰而分心？如果是的话，也许你会想试一试这个！

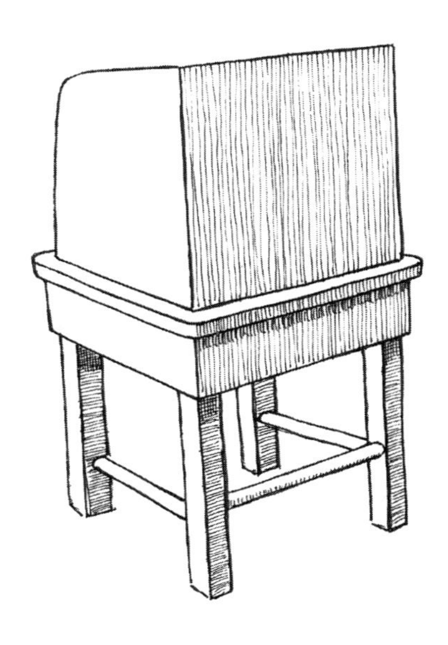

这个工具可以从商店里买到。基本上，它就是一块能把你的工作空间隔开的材料。

你也可以用一个大文件夹或几个小文件夹互相交错叠在一起来自制一个。想要以正确的方式使用此工具的话，你就要对自己负责，要好好地坐在椅子上，不要起身从隔断上向外看，否则，使用它还有什么意义呢？

提示：这个工具配合降噪耳机使用会非常有效，特别是当教室或工作空间很吵的时候！（你家很吵吗？我家很吵！）

需要用手操作的东西

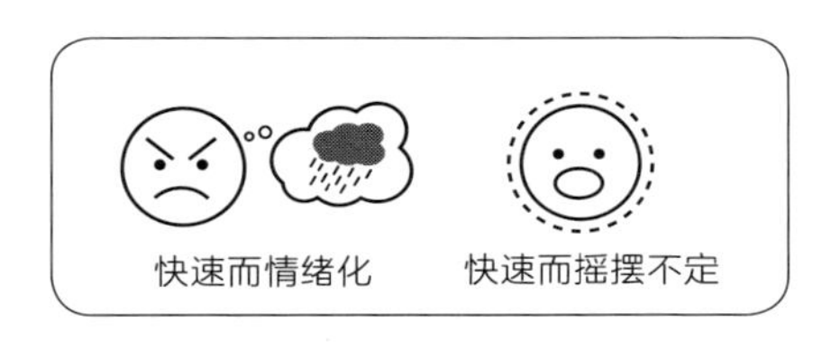

什么是需要用手操作的东西？比如：堆叠单向固定的立方体、穿珠子和拼乐高积木。

当你感觉自己“快速而情绪化”并且需要“在忙碌中休息”时，这些东西可以成为很有效的工具。“在忙碌中休息”会在你感到情绪激动时占据你的身体和思想。当你感到“快速而摇摆不定”时（当你真的需要某些东西来让自己的双手保持忙碌，并且把玩件或者“随时随地让身体休息一下”的练习都达不到理想效果时），这些需要用手操作的东西可以帮助到你。

使用这类工具的困难在于：因为很多这类工具都可以用作玩具，所以当你选择这类工具作为练习时，必须确保以正确的方式来使用。

使用这些工具与使用把玩件工具有着类似的“规则”：

1. 工具不是玩具，不能用来玩耍！
2. 你必须知道自己是一个学习者：

- 如果你在感觉“快速而情绪化”时使用这类工具，那么，当成年人要求你停下来时，你可以做到吗？
- 如果你在感觉“快速而摇摆不定”时使用这类工具，你能一边使用工具一边听老师讲课并且成为最好的学习者吗？当老师向班级展示需要大家观看的重要信息时，你是否知道要抬起双眼？
- 你要对自己诚实。如果上面问题的答案是否定的，那么本手册中还有很多其他的选择可供尝试。你应为自己能灵活选择合适的方法而感到自豪。

3. 这些需要用手操作的东西不能离开你的双手，也不能离开你工作的区域（比如办公桌、工作区）。

口香糖

嚼口香糖是一种保持冷静和专注的好方法。但是请向成年人咨询你是否被允许嚼口香糖！由于嚼口香糖的行为（特别是如果糖有点硬的话）需要大量咀嚼的动作，所以，它可以为你的身体（特别是口腔内部及面部肌肉）提供更多“神奇”的“本体感觉输入”。

如果你感到自己“缓慢而疲倦”的话，这个工具可以帮助唤醒你；如果你感觉自己“快速而情绪化”或“快速而摇摆不定”的话，这个工具可以让你冷静下来。

提示：如果你感到自己“缓慢而疲倦”的话，可以选择薄荷味的口香糖，它会让你更加清醒，而水果味的口香糖则会令你更加平静。

带吸管的水杯

这个工具的工作方式与使用口香糖类似。用吸管喝水真的可以帮助你保持冷静和专注，特别是在吸管“阻力”很大的情况下，也就是说，你的嘴必须非常用力才能把水吸上来。

用吸管吸水的动作（特别是当吸管的阻力很大时）需要用很多的力气去吸吮，所以，它可以为你的身体（特别是口腔内部及面部肌肉）提供更多“神奇”的“本体感觉输入”。

如果你感到自己“缓慢而疲倦”的话，这个工具可以帮助唤醒你；如果你感觉自己“快速而情绪化”或“快速而摇摆不定”的话，这个工具可以让你冷静下来。

脆脆的零食、酸味或辣味的食品、冷冻的食品

你的身体对所有这些类型的食物都非常警觉，如果你感到自己“缓慢而疲倦”的话，不妨试试吃些这样的东西。例如：椒盐脆饼、酸味的口香糖和冷冻的水果冰棒。

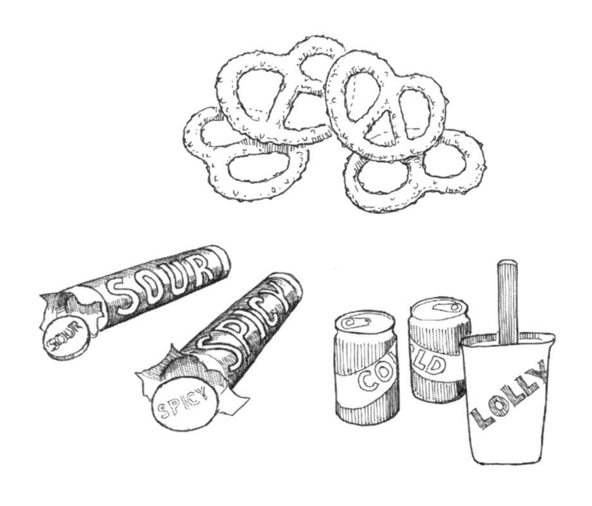

第四章
让身体彻底休息

哎哟，好吧，你终于看到这一页了。我知道这一页的信息量很大，有非常多而且非常有用的东西，所以请耐心听我慢慢讲，好吗？

我们在此之前已经讲过了很多内容。我们知道如何才能：标记我们的感受（请记住，在很多时候，我们可以感受到各种不同状态的混合，例如“快速而情绪化”同时“快速而摇摆不定”），以及如何选择适当的“随时随地让身体休息一下”的动作和工具来帮助我们感觉“刚刚好”。我们甚至弄明白了它们为什么有效果的科学原理！

我们已经学到了，在很多情况下，“随时随地让身体休息一下”的动作足以帮助我们感到自控，但有些时候，我们也可能需要一个工具来让自己保持快乐、专注和平静。

不过，每个人都会有一些需要额外帮助的日子。这就是“让身体彻底休息”的用武之地。

在本章中，让我们探讨：1. 什么是“让身体彻底休息”；2. 一些简单的规则，让你能正确地做这些练习，从而感觉良好。

那么，什么原因会导致 “随时随地让身体休息一下”的办法和“使用工具”都不够用呢？

- 原因 1：你前一天晚上没睡好。
- 原因 2：你刚刚那顿饭没吃好。
- 原因 3：你感觉自己超乎寻常的“缓慢而疲倦”或“快速而摇摆不定”，需要额外的运动来让自己清醒或平静下来。
- 原因 4：你感觉自己超乎寻常的“快速而情绪化”，而且需要拥有更大的空间或释放出额外的能量来感觉自己在自控的状态中。

现在，是时候做一些“让身体彻底休息”的练习了。

什么是“让身体彻底休息”？

“让身体彻底休息”是一种你可以使用自己的身体来进行的“大动作”练习。我称之为“大动作”的原因是因为你通常必须从站立的姿势、腹部向上的姿势或腹部向下的姿势开始进行这些练习，并且你的动作幅度会很大。通常你会需要空旷的地板或空白的墙面来进行这些练习。你还需要起身离开你正在做的事情，有时也需要打断你正在做的事情（例如，如果你在学校的话，你需要寻找教室或走廊里被隔开的空间；如果你在家里的话，你需要进入到走廊或家中有更多开放空间的地方）。

这些练习为你提供了大量的“本体感觉输入”和“跨越中线”的方法，因此它们的效果非常好，而且通常也会很快奏效。这意味着，当你完成了这些练习之后，你会很容易更快、更专注地回到原来的工作中，并把时间花在你想做的事情上！

让我们把“让身体彻底休息”的练习作为我们自我调节策略的最后一步吧，因为你并不总是需要它们，而只是在某些时候需要，而且可能只需要一个就够了。

好了，现在你知道什么是“让身体彻底休息”了。

有一些简单的规则可以让你正确地完成它们，这样你就可以充分获得这些练习的好处了：

- 规则 1：在教室外（或者在家里，但需要你放下正在做的事情）练习“让身体彻底休息”时，最长不要超过 3 分钟。你可以用计时器来监督自己，或者请某个愿意帮助你的成年人为你计时。

注意：这与后面会提到的“占用空间”是不同的：你需要一定的时间让自己安全地远离那些让自己的身体或精神感觉特别“快速而情绪化”（有时，甚至是“快速而摇摆不定”）的情形。你必须获得成年人的许可才能“占用空间”，而且必须要以安全的方式来完成，即：大人们需要确切地知道你在哪里以及你将在那里待多久。

提示：你甚至可以在教室或自己家里设置一个安全点。你可以要求在那里放入让你感到安全的工具或物品，例如：特殊的把玩件、有重量的可以放在腿上的垫子、降噪耳机、记号笔 / 纸张、家人 / 朋友的照片。对你来说，这将是一个长期而随时可用的安全点，当你刚开始感觉自己“快速而情绪化”或“快速而摇摆不定”时，你可以马上到那里，尝试“将这些感觉扼杀在萌芽阶段”。

- 规则 2：将你与教室分开（或者在家里，但需要你放下正在做的事情）的“让身体彻底休息”不应该成为你离开课堂或逃避其他职责的“借口”（我知道，我听起来像你们讨厌的那种成年人，但这是真的，你必须要照做）。相反，如果你需要休息一下，请询问在旁边帮助你的成年人自己是否可以快速去喝点水，舒展一下手脚，然后回到你正在做的事情上。

注意：如果你在需要时做这些“让身体彻底休息”的练习，并以正确方式进行的话，你真的会看到它们很有效。除此之外，你将向生活中的成年人展示出你是有责任心的、诚实的，并且能对自己、自己的学习和自己的行为负责！你也许会感到惊讶，他们会因此对你非常满意，以至于会偶尔给你额外增加一些自由活动的时间或玩电子游戏的时间。

- 规则 3：当你做这些“让身体彻底休息”的练习时，请牢记下面这些要点：

  - 想要让自己感觉更有活力，就加快动作（但要有控制）。

- 想要让自己感觉更平静，就慢慢去做，但动作要更有力量。这么做会为你的关节提供更多的“本体感觉输入”。正如你现在已经知道了的，“本体感觉输入”将会有效地让你平静下来。

提示：不知道有多少次，我看到孩子们跑出去做“让身体彻底休息”的练习，他们自发地去做快速开合跳或者做急速“军人爬”（不知道那些都是什么吗？翻开下面几页，你就会明白了）。记住这一点：以正确的方式和速度去休息身体与选择正确的练习类型是同样重要的。我认为，那种想要马上冲出课堂、远离家庭作业或家务，并且不假思索地快速练习“让身体彻底休息”的想法是很自然的。

好了，我们已经准备好去学习如何“让身体彻底休息”从而让自己感觉“刚刚好”了（我要强调的是：要以正确方法去做）。请记住，你可以在每个工具旁边找到与每种感觉相匹配的辅助符号，这些符号能快速提醒你该工具将提供怎样的帮助（例如，你会在推墙动作的旁边看到，和符号，于是你就可以快速了解到它会在你感到自己“缓慢而疲倦”“快速而情绪化”或“快速而摇摆不定”的时候为你提供帮助）。

推墙

做这个练习只需要一堵坚固的空白的墙面就够了。

双脚着地，双手手掌扶在墙上，推墙，保持这个姿势 5~10 秒钟。

此练习会为你的双手、双臂和双腿提供“本体感觉输入”，因此无论你是感觉自己“缓慢而疲倦”“快速而情绪化”还是“快速而摇摆不定”，它都可以让你感觉“刚刚好”。

军人爬

做这个练习时，你需要足够可用的地面空间来四处活动。俯卧，手掌平放在地板上。只用手掌的力量将身体向前推动。

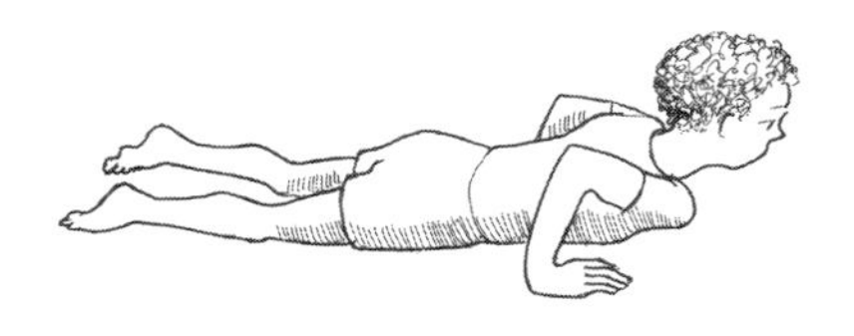

这项练习可以为你的腹部、背部、手臂和腿部提供“本体感觉输入”。因此无论你是感觉自己“缓慢而疲倦”“快速而情绪化”还是“快速而摇摆不定”，它都可以让你感觉“刚刚好”。

提示：你可以在爬行时将右臂伸向身体的左侧，将左臂伸向身体的右侧。这样做的话，你将会“跨越中线”，即让身体一侧的部位跨越到身体的另一侧去。这种运动会令你大脑的一侧与另一侧“交谈”，从而有助于你在需要时能够集中注意力。

螃蟹爬

做这个练习时，你需要足够可用的地面空间来四处移动。保持腹部朝上，用双手手掌和双脚来移动身体。尽可能保持背部挺直。

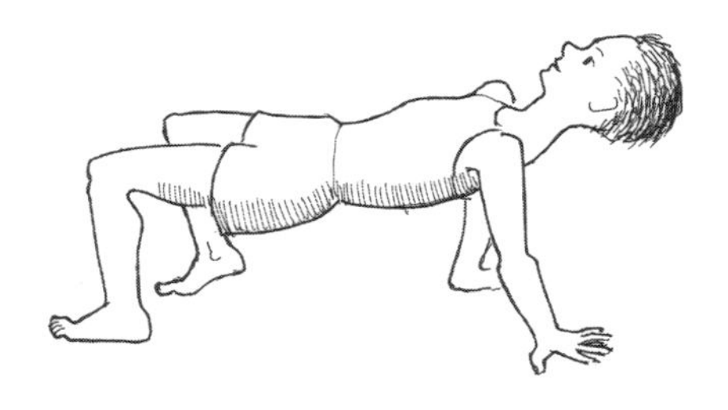

这项练习能为你的腹部、背部、手臂和腿部提供“本体感觉输入”。当你感觉自己“缓慢而疲倦”或“快速而摇摆不定”时，做这个练习会特别有帮助。

提示：移动次数少但动作到位（保持背部挺直，四肢很好地支撑住身体）比移动次数多但动作不到位（不能很好地支撑住身体）要更好！

站姿交叉爬

双脚平放在地板上站好。弯腰，慢慢地用一侧胳膊肘去接触另一侧的膝盖。通过做这个动作，你将会“跨越中线”，即让身体一侧的部位跨越到身体的另一侧去。这种运动会令你大脑的一侧与另一侧“交谈”，从而有助于你在需要时能集中注意力。

这项练习为你的腹部、背部、手臂和腿部提供“本体感觉输入”。所以它可以在你感到自己“缓慢而疲倦”或“快速而摇摆不定”的时候，让你感觉“刚刚好”。

超人姿势

腹部向下趴在地板上，将双臂伸到身体的前方，保持双臂伸直。把双腿伸到身体的后侧，保持双腿伸直。好极了，你看起来就像是超人！现在，保持这个姿势10秒钟。

又来了，我开始觉得自己听上去像是一台坏了的录音机，但是，这项练习也会为你的腹部、背部、手臂和腿部提供“本体感觉输入”，因此当你感觉自己“缓慢而疲倦”“快速而情绪化”或“快速而摇摆不定”时，做这个练习会让你感觉“刚刚好”。

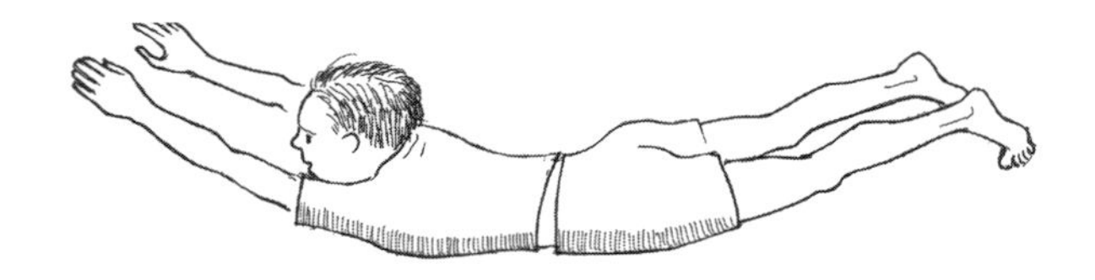

提示：你也可以在身体前方双臂交叉并保持伸直的姿势。通过做这个动作，你将会“跨越中线”，即让身体一侧的部位跨越到身体的另一侧去。这种运动会令你大脑的一侧与另一侧“交谈”，从而有助于你在需要时集中注意力。

开合跳

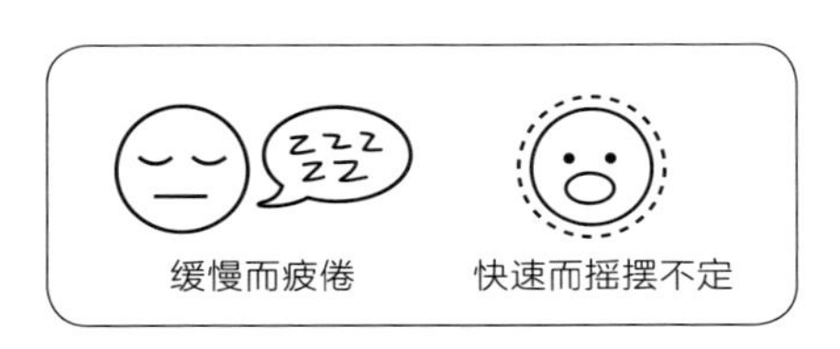

这个练习的诀窍是确保你的双臂和双腿同时移动。我经常这样告诉孩子们怎么做这个动作："做一个 x，做一个 I"。

这个姿势能为你的双手、双臂、双脚、双腿提供“本体感觉输入”，因此当你感觉自己“缓慢而疲倦”或“快速而摇摆不定”的时候，做这个练习会让你感觉“刚刚好”。

提示：记住，如果你感觉自己“缓慢而疲倦”，那么做这个练习时动作要快（但也要保持控制）。如果你感觉自己“快速而情绪化”或“快速而摇摆不定”，那么做这个练习时动作要慢。

占用空间

虽然这不是一种物理意义上的休息，但是我认为这是一项非常重要的策略。我曾反复考虑应该将它放到哪里才好。我不想把它和“随时随地让身体休息一下”的小动作练习放在一起，因为你没有办法在任何地方练习它，而且也并不需要常常练习它。我不想把它和使用工具放在一起，因为它并不是“随时随地让身体休息一下”的下一步策略。我认为把它放在这里是它最完美的归宿，因为它需要占用一处远离朋友、同学、家人和社区成员的实际空间，而这并不适合每个人，也不适合每种情况。只有在你感觉自己好像需要一段时间安全地远离那些让你的身体或精神感觉糟糕的情形时，你才需要这个占用空间的策略。你必须获得一位成年人的许可才能去占用空间，并且，它必须以安全的方式进行，即大人们要准确地知道你在哪里以及你会在那里待多久。

提示：你甚至可以在教室或自己家里设置一个安全点。你可以要求在那里放入让你感到安全的工具或物品，例如，特殊的把玩件、有重量的可以放在腿上的垫子、降噪耳机、记号笔 / 纸张、家人 / 朋友的照片。对你来说，这将是一个长期而随时可用的安全点，当你感觉自己“快速而情绪化”甚至“快速而摇摆不定”的时候，你就可以去那里。

第五章
选择正确的策略有点像“点快餐”

好吧，让我们来回顾一下。

1. 我们已经学会了每种感觉是什么意思。

2. 我们知道在任何一天经历其中任何一种或所有种类的感觉是正常的（记住，你的老师和家长也会有这些感觉）。

3. 我们现在理解了该怎样从随时随地让身体休息一下、使用工具和让身体彻底休息的选项中挑选并应用哪些策略和工具，才能让我们感觉自己可以控制自己。

下面我们要讲一下与选择正确的策略同样重要的事情：正确地使用策略或工具。让我们来进一步深入探讨这一点吧。

在我们正式开始之前，我想让你把所有的策略都想象成菜单上的食物选项。

当你一门心思想要吃比萨时，你会点炸鸡吗？

如果你的朋友已经点了炸鸡，或者，你刚刚看菜单时看得太快的话，也许你会点的。但是，猜猜看，接下来会发生什么呢？你的身体会感到不满足，因为你真的很想吃比萨！点炸鸡并不是最好的选择，对吧？

想不到吧？当你在前面讲过的那些策略、工具的菜单中进行选择时，情况就和你选比萨或炸鸡是一模一样的！

不要因为觉得某个策略或练习“看起来最酷”（相信我，它们都非常酷！我都已经把它们放入这本书里了，难道还不够酷吗？）就选择它，也不要走马观花读了这些选项就随便做出选择，你应该想一想你的身体最需要、最渴望哪种策略，然后再去选。

当你选择了适合自己的练习并以正确的方式去做时，这些策略就会起到作用。

重要的是要记住以适当的速度（不要太快，也不要太慢）和足够的力度来做这些练习。让我们回到该选比萨还是该选炸鸡的例子上来吧。

我保证：我们不只是在谈论食物！（尽管它确实引起了你的注意，难道不是吗？）

场景 1：匆忙完成练习

我选择吃比萨。棒极了！这正是我的身体需要吃的东西！我想和朋友一起玩电子游戏，所以我三口两口匆匆忙忙就吃完了，我感觉不到自己对比萨的渴望得到了满足。我还是感觉饿，而且，现在肚子也疼起来了。

场景示例

我这一天过得非常糟糕，我把刚从商店买来的巧克力牛奶全洒在书上了，而且，现在我上课要迟到了。我知道我应该停下来，用正确的方法做拉手指练习，但我已经迟到了。我的朋友们正在走廊各处走动，而且他们都看着我。我把书夹到腋下，急急忙忙把手指扣到一起拉了一秒钟，然后冲向教室。现在，我感觉自己"快速而情绪化"，而且，说句老实话，可能比我没做拉手指之前更严重了，因为我这个拉手指练习做得太快了！

解决方案

我应该先到教室并且把书放下来，然后认真去做拉手指练习。这是一个“随时随地让身体休息一下”的小动作练习，所以我可以在任何地方去做。一旦我在教室里坐好了，我就可以更专注地做这个练习，而且真正去感受这个拉手指练习。我的朋友们很可能并没有盯着我看。当我感觉自己“快速而情绪化”的时候，我总觉得人们在注意我，但其实，情况往往不是这样的。

场景 2：不知道该选哪个练习

我感觉自己“快速而摇摆不定”，所以我非常快地看了看菜单，我选择吃炸鸡。当炸鸡上来时，我也吃了，但是，盘子里剩了很多，因为我真的并不是很想吃它。我想对自己说：“我究竟为什么要点这个啊？”我跑出比萨店，妈妈在身后对我大喊大叫，让我慢点跑别摔倒伤了自己。我一边跑一边感到奇怪：“到底什么东西是我想吃的？我现在还饿着！我真希望自己点菜之前就知道自己想吃什么。”

场景示例

我的身体感觉就像那种一按就会弹出一个人偶的玩具盒。老师提醒我："请选择一种让自己感觉'刚刚好'的策略。" 于是我推开椅子、朋友和课桌，从白板架子上把书拿下来，然后把自己扔到教室的感官角。我翻到"随时随地让身体休息一下"的小动作练习那页，随机选择了给自己一个拥抱的练习。我把双臂交叉甩向身体的另一侧，给了自己一个马马虎虎的拥抱，然后跑回老师的身边。"做完了！"我大声地说，然后跨过朋友们的双手和双腿以及他们的课桌跳回到自己的座位上。那天晚些时候，当我身处自己安静的卧室里时，我对自己说："我到底为什么要选择那样的动作去休息身体？那根本就不是正确的选择。如果我以前曾经选择过合适的策略，也许今天我就不会那样随便选一个了。今天那个时候，我的身体到底需要什么呢？真希望自己能知道啊。"

解决方案

当身体感觉失控时，你很难知道应该怎么做，无论这种失控是来源于"缓慢而疲倦""快速而情绪化"还是"快速而摇摆不定"。如果发生了这种情况，那么在生活中帮助我们的成年人可能需要温柔地提醒我们去使用一些工具，那些工具可以帮助我们了解到哪些策略能让我们感觉“刚刚好”。这时候就需要用到这本书了。在上面描述的场景中，当老师让我去拿书时，我做了一个很好的选择：去“感官角”。如果你的教室里没有“感官角”，也许你可以询问是否可以在阅读时让你拥有一个安静的空间（例如在走廊里），甚至，你可以询问可否让你戴上耳机。

相信你已经仔细阅读了“随时随地让身体休息一下”的练习，而且也仔细阅读了那些练习应该怎么做。

进行“随时随地让身体休息一下”的练习之前，最好先进行深呼吸。这会自动让你慢下来（身体和情绪都慢下来）。如果你选择的练习或策略没有起到作用（当你缓慢、仔细、适度用力地完成了某些练习之后），那么也许，接下来最好的办法是选择另一个“随时随地让身体休息一下”的练习。

第六章

你的工作还没有完成

哇！你已经读到了这部分的末尾。祝贺你！不过，这些信息在你的大脑中还是比较新的内容，所以，还是来总结一下我们所学到的东西吧。

你现在知道我们的“缓慢而疲倦”“快速而情绪化”及“快速而摇摆不定”的感觉是怎样的，你也知道如何使用这本书以及如何选择正确的策略让自己感觉“刚刚好”。你学会了如何去使用本书中讲到的随时随地让身体休息一下、使用工具和让身体彻底休息中的方法。

请记住，要在每个工具旁寻找与每种感觉相匹配的符号，它们可以快速提醒你随时随地让身体休息一下、使用工具和让身体彻底休息的策略将如何为你提供帮助。

以下段落将汇总那些你接下来要做的事情，它们能让以上信息在你的脑海中保持新鲜感，这样，你就可以一直都快乐、冷静和镇定自若了。

你真棒！正如我在本章开头所说的，你已经读到了这部分内容的末尾。我们已经完成了所有能让我们保持快乐、保持冷静的步骤。而且，我们也弄清楚了，怎样才能知道哪种策略对我们内心的感受（无论我们的感受是哪一种）最有效。

但是，正如本章标题所说，你的工作还没有完成。不要只是把这本书留在书架上。不要这样想："嗯，我读过这本书了，所以，我对练习和策略都了如指掌了，我很好。"我的朋友们，当你这样想的时候，你就要犯错了。

当你感到快乐、平静、刚刚好的时候，通读这本书是很容易的，选择看起来可行的练习、工具或策略也是很容易的。而真正的挑战在于：你能否正确地使用这本书，能否正确地选择策略并让自己继续追求自控感。在我们体验到最强烈的"缓慢而疲倦""快速而情绪化"或"快速而摇摆不定"的时候，也是我们最难使用这些策略的时候。

好消息是：你现在有了正确的选项来满足你的身体需求。我知道，即使你感觉这些选项并不那么神奇，你也可以为自己做出明智的选择。（而且，就算你会犯一个、两个或三个错误，那也没关系，你还是个小孩。你猜怎么着？大人们每时每刻都在犯错呢。你可不要告诉那些在生活中帮助你的成年人这是我说的啊。）

好的，这就是我的目标，或者更确切地说，是我对你的希望：我希望你持续阅读和学习这本书，无论你是一个人学，还是和朋友一起学，或者和某个愿意帮你的大人一起学（老实说，我希望你这三种方式都试试，把它们组合起来使用）。你对这本书读得越多，并且以正确的方式练习这些动作和工具的次数越多，你对这些策略的使用就会变得越自然。最终，你一定想不到，你可以不用别人帮忙，完全自己一个人去做！我敢说，你将会成为一个成功的大人。我希望你能写信给我，告诉我这一切。而且，当然了，你还会保持练习并且继续保持出色。

第二部分

写给成年人：为孩子提供方法与支持

给父母们的一些重要提示

我有三个孩子，他们年龄接近。在照顾孩子的同时，我还在一所学校里做一份全职的工作，我担任那里的心理治疗师。所以，在家教会我自己的孩子（和我自己）如何自我调节、如何应对和管理每天的生活是至关重要的（尤其是当我有两个蹒跚学步的幼儿和一个婴儿，而且三个孩子都穿着尿不湿的时候）。下图是我自己家感官角的一部分（这个地方曾经是我的救命稻草）。

感官工具箱：我们家中感官角的一部分

我坚信，孩子们越早学会自我调节、越早学会应对和处理情绪困难及感觉困难，他们就越容易内化这些策略，并且，随着他们慢慢长大，他们的适应能力也就慢慢变强。正常发育的儿童和有特殊需求的儿童都可以从这些策略的运用中受益。本书中的许多策略和工具都可以根据您孩子的年龄进行调整。我曾在家里教我自己的孩子们如何使用所有这些练习和工具，但我必须根据他们的发育水平对具体的选择进行调整。

您是帮助孩子学习这些练习的重要合作伙伴。下面，我要给您一些简单的建议：

- 第一次和您的孩子一起通读这本书时要选择他或她平静而清醒的时刻。
- 根据孩子的年龄和专注能力，您可能想要把这本书分成章节来阅读（例如，在每天上床睡觉前读一章）。每一章都提供了一份关于前面几章主要内容的简短总结，这就给您提供了一个机会，让您可以与孩子讨论一下之前学到过什么。在讨论的时候，您就可以判断出是否需要返回前面的某一章重新回顾一下，或者再读一遍其中的某些部分。

- 这本书中的某些部分有很多文字、范例和说明。如果您觉得这些部分对孩子的年龄水平来说太超前了，请试着对它们做个总结，然后指出相应的图片给孩子看。

- 试试在孩子的教室里放一册这本书，因为他们一天中大部分时间都会待在那里。在学校的环境里，会发生很多影响孩子生活的惊人的事件，也不可避免地会发生学习方面、社交方面、行为方面及感受方面的问题。我们的孩子很辛苦！在教室里为孩子们准备这本书，将使他们能够在同龄人环境中进一步发展这些技能。

- 把这本书作为您家里“感官工具箱”或“感官角”的一部分（这将在本书之后的章节加以讨论）。一旦您的孩子熟悉了这本书以及该如何正确地使用它，那么当他们遇到困难时，您就可以提示他们去找到这本书，并选择一个可以帮助他们感觉“刚刚好”的策略、练习或工具。

- 我在本书的“附录四”中创建了一个“资源图表”，

用简单的视觉符号把“随时随地让身体休息一下”“工具”和“让身体彻底休息”包含的所有策略与其最能发挥功效的特定场景连接了起来。

我希望您和您的孩子喜欢阅读这本书并因此变得更加亲密。您是孩子最好的老师和帮助者。作为妈妈和心理治疗师，我意识到这是多么的真实。始终如一地使用这本书是您可以帮助孩子控制他们自己的身体、感觉和相应行为的一种方式。我一直对父母为丰富孩子的生活所付出的爱、投入和奉献感到佩服，作为一名治疗师，我要感谢您为您孩子所做的一切。

我美妙的孩子们

我的儿子约瑟夫在视力方面有缺陷，因此许多依赖于视觉的活动（不幸的是，几乎所有的活动都要依赖视觉）都会让他感到沮丧。有一天，他在搭乐高的时候告诉我，他感觉自己“快速而情绪化”，他要使用“吹泡泡呼吸法”，而且不停地要让我把他举起来，和他一起跳“快乐的舞蹈”。对我的儿子来说，那个微小的时刻是一次惊人的胜利，他之后取得的进步越来越大，越来越多。我亲爱的读者们，这也是我对您家孩子的希望。

约瑟夫（我四岁半的“小教授”）的视力很差而且对阳光非常敏感。大家看见他戴着过滤眼镜了吗？外出的时候他通常戴着棒球帽，但我为了拍照片让他把帽子摘下来了。他正在公园里面尝试“吹泡泡呼吸法”这个来自于“随时随地让身体休息一下”中的练习。“吹泡泡呼吸法”是他最喜欢的练习之一，而且在那些让他感到紧张或超负荷的情形中（他由于视觉障碍对很多类型的感官输入都过于敏感），这个练习真的可以帮助他冷静下来。

正如我母亲常说的那样，现在三岁的莉安娜是我家的小公主。她出生时脸上带着怒容，同时尖叫着。在生命的最初几个月里，每天下午 4 点到晚上 11 点，莉安娜小小的双肺都会爆发出强大的力量，她会不停地尖叫，几乎没有片刻喘息的机会。我一遍又一遍地阅读所有的育儿书籍，希望能找到令她痛苦的秘密。我购买了昂贵的药方。我尝试了自己所有的感官及自我调节技巧。任何方法都没有效果。这种情况一直持续到她大约六个月大。她的儿科医生说服自己相信了这是绞痛，而我说服自己相信了我不在乎。后来，莉安娜从一个非常难伺候的婴儿，长成了一个戏剧化的但又非常可爱的小女孩。

我们正在努力建立她对挫折的容忍度。当她生气时，她喜欢在家里进入我们的感官角（嘿，这比去她的房间要好多了，对吧？）。她正在学习在生气之前停下来数到十（见下图）。

莎娜只有五岁半，但我相信她长大后会从事帮助人的职业。我觉得自己很幸运，我有一个如此可爱而又有自我意识的女儿。她是第一个在弟弟妹妹遇到困难时向他们提供建议的人（“约瑟夫，你为什么不试试拉手指？”）。最近，她正在经历典型的小女孩突破极限的时刻。当她变得难过或沮丧时，她喜欢去我们的感官工具箱（位于我们的厨房）拿一个有重量的垫子放在自己的腿上。之后，她通常会继续阅读或玩耍，并在几分钟内恢复到自己的正常状态。

给老师们的一些重要提示

首先，我必须告诉您，我是一个非常执着的职业治疗师。我对自己所做的事情非常有热情。我自己曾是一个有很多困难的小孩，所以我现在从事针对这些困难的治疗工作。我真的很同情我所治疗的那些孩子们，而且我知道怎么做才能有效。

不得不说，我非常钦佩你们所做的事情。在我提供治疗服务的学校里，我和一群才华横溢的老师一起工作。我几乎天天都会想到你们每天上班时所肩负着的不可估量的工作、爱、奉献和责任。

我喜欢和伟大的老师一起工作，随着时间的推移，这样的合作在我工作中所占的比例越来越大。为什么？孩子们一天中大部分的时间都和同龄人一起待在教室里，而给予教师适合他们学生的工具、策略和技巧，是一种管理困难行为和特殊需求的非常有效的方法。

那么，什么时候需要用到这本书呢？您可以把这本书介绍给整个班级或者只介绍给表现出类似困难的一组学生，或者也可以介绍给个别的学生。我喜欢这样的想法：把本书当成一种更加独立的自我调节法来教授给整个班级，并在教学中将本书作为一种课堂资源，同时将这些策略纳入到您的课堂常规内容中。

这里有一些技巧，可以让您充分利用这本书：

- 第一次和您的学生一起通读这本书应选择一个他们都感到冷静而清醒的时刻。让全班做一下休息身体的自我调节练习可能会是个好主意（可以从“随时随地让身体休息一下”那一章中挑选一项）。
- “随时随地让身体休息一下”是很不错的、可以让全班一起做的休息方法，在地毯上或桌子旁边都可以做。您可以用它们来消除学生考试前或某些场景转换后（例如午餐、课间休息或课间操）的压力。
- 为整个班级创建“感官工具箱”是一个好主意。“感官工具箱”可以放置在“感官角”里或孩子们席地而坐的地毯旁边。我在学校的治疗室里把“感官工具箱”分成了三个独立的盒子：
    - “把玩件”盒：存放把玩件（例如挤压球和其他需要用手操作的小东西）。

- “大工具”盒：用于存放大一些的感官工具（例如有重量的垫子、有重量的马甲背心、桌面围挡、耳机等）。
- “情感书籍”盒：用于存放有关处理社会情绪、行为和感觉障碍的书籍。

● 您可以把这本书作为上述“情感书籍”盒的一部分，放在教室里的“感官角”里。一旦学生们熟悉了这本书并知道了应该如何正确使用它，您就可以在他们遇到困难时提示他们去参考这本书并选择一个可以帮助他们感觉“刚刚好”的策略、练习或工具。

● 我在这本书的“附录四”中创建了一份简单的“资源图表”，用简单的视觉符号把“随时随地让身体休息一下”“工具”和“让身体彻底休息”包含的所有策略与其最能发挥功效的特定场景连接了起来。还有很多其他的可视化图表可以用于强化本书中学到的技能及策略，这些技能和策略可以帮助孩子发展积极的自我调节和情绪调节能力，强化他们的正确行为。

- 这本书中的某些部分有很多文字、范例和说明。如果您觉得这些部分对您的学生们来说太超前了，请试着对它们做个总结，然后指出相应的图片给学生们看。

- 根据学生们的年龄和成熟水平，您可能想要基于学生们的注意力水平来把这本书拆开了读。本书的每一章都提供了一份关于前面几章主要内容的简短总结，这就给您提供了一个机会，让您可以与学生们讨论并回顾已经学过的内容。

将本书引入教育界令我感到非常兴奋，因为我的希望是它能促进学生、教师、家长、治疗师和管理人员之间更好的合作。我写这本书的目标是朝着我们所有人作为一个有凝聚力的教育团队一起工作这个方向迈进一步，同时也朝着家校共建的方向迈进一步，从而最大限度地造福我们的学生和他们的家人。

我必须再说一遍，老师们，你们都是了不起的人！继续做所有伟大的工作吧。您的这些努力，会让您在那些与您一起工作的治疗师、父母和孩子们（最重要）的脑海中留下深刻的印象。

关于主要感觉系统的一些重要信息

无论孩子们身在何处，他们一整天都在不断地受到感官刺激的轰炸。在校内学习的时间里，同龄人在庭院和餐厅大声地（有时甚至是疯狂地）玩耍和互动，他们的教室通常充满了视觉刺激（墙上贴着、天花板上挂着各种五颜六色的有时甚至是杂乱无章的图表和海报），无论是坐在课桌前或地毯上还是排在队伍中，他们都会有很多时间靠近彼此的身体。当孩子们在家或参加校外活动时，无论他们是穿过喧闹拥挤的街道，还是和朋友在游戏机前玩耍，甚至是去看电影，他们都必须不断地处理一波又一波的感官刺激。

那些处理感官输入没有困难的孩子能够：吸收所有感官信息，过滤掉无关信息，保持相对的平静并自我调节。他们可能会偶尔进行一些补偿性行为以保持这种状态，例如咬指甲、摆弄物品、在身体并不需要的时候去喝水或者去洗手间、敲打双腿、摆弄双手，等等。

那些无法有效处理感官信息的孩子会在完成学校和家庭任务时遇到困难。这些任务需要他们安静地坐着、注意听老师讲课，参与同龄人的社交活动以及与他人合作一起玩耍或完成工作。这些孩子的感官输入没有得到有效的处理，导致他们难以实现与环境（和同伴）的互动，他们也无法收到适当的感官反馈。人们可能会观察到他们做着不合时宜的举动。例如，他们坐着时可能会用手摆弄小物件，还可能会将物品放入口中，而且，对比其他的困难，他们更加难以遵循多步骤的指示。为孩子提供某种感官系统的强化输入，可能会有助于他们改善自身行为和整体的自我调节能力。

现在，让我们对主要的感觉系统做个简要的概述。

本体觉系统

本体觉系统负责使人感知自己在空间中的位置。本体感受器位于肌肉、肌腱和关节中。这些感受器对运动和重力都有反应（尤其是由孩子发起的主动型运动）。为孩子提供“本体感觉输入”是帮助他们进行自我调节的有力工具，尤其是当您无法确定孩子的感受如何时。也就是说，无论孩子感觉自己“缓慢而疲倦”“快速而情绪化”还是“快速而摇摆不定”时，为他们提供“本体感觉输入”都会对他们有所帮助。

那些本体觉系统相关功能出现障碍的孩子可能在以下方面有困难：

1．运动规划，包括协调自己的动作和给自己的动作分级。

2．大动作活动。

3．活动水平调节：也就是说，他们似乎过度活跃，并以可能不安全的方式去寻求深度压力（即：撞墙、从高处往下跳等）。

4．与同伴玩耍适度：他们在与同伴玩耍时可能会有攻击性。

5．行为：他们可能会通过自我刺激的举动来引发深度压力（即：头部撞击、咬自己、掐自己等）。

6．表现出姿势控制以及可能会表现出肌肉紧张度较低。

前庭觉系统

前庭觉系统为人提供有关其头部和身体相对于地面的位置信息。前庭感受器位于内耳，由头部位置和运动（加速和减速）的变化来触发激活。运动类型包括线性运动（即：左右移动、前后移动、上下移动）和旋转运动。

那些前庭觉系统相关功能出现障碍的孩子可能在以下方面有困难：

1. 协调流畅和准确的动作。

2. 保持平衡且直立的姿势。

3. 当脚或身体离开地面时感到安全（也称为“重力不安全”）。

4. 控制眼球运动（包括凝视物体、视线移动、视线跟踪移动物体等）。

5. 保持适当的肌肉紧张度（特别是伸展肌的紧张度）。

6. 双边协调技能（以协调的方式同时使用身体的两侧）。

触觉系统

触觉感受器位于皮肤之中，它们可以感知温度、移动、轻触、振动和压力。身体的某些部位对触觉输入更敏感，包括嘴巴、手掌和脚底。触觉系统有两部分功能：保护性功能和鉴别性功能。触觉鉴别与理解触觉差异的能力有关（即：振动、轻触或深压）。

那些触觉系统中保护性相关功能障碍的孩子可能在以下方面有困难：

1. 感知疼痛。

2. 可能表现出“触觉防御”：当孩子过度关注所呈现的触觉输入时（因为他们无法过滤或抑制它）可能会表现出“触觉防御”。由于这样的孩子无法有效地处理这些输入，因此他们会做出“或战或逃”的反应。这种反应包括难以调节情绪并表现为过度活跃。表现出触觉防御的孩子可能会逃避那些他们的同伴可能会参与而且实际上他们很喜欢的日常活动和感觉（例如：在草地上跑步、完成艺术项目等）。这可能会影响他们的社交互动，因为对他们来说，物理上的接近是有困难的，别人的轻触和触摸会让他们感到害怕。他们可能需要深度压力型的触觉输入，因为这种触觉输入也许可以帮助他们调节触觉系统。

那些触觉系统中鉴别性相关功能障碍的孩子可能在以下方面有困难：

1. 力度恰当地玩玩具或课堂工具（因为他们可能难以对手部动作的力度进行分级）。

2. 仅通过触摸来了解物体的特性（“立体识别”），因此他们只能依赖于视觉系统。

3. 局部定位疼痛。

4. 精细动作协调任务和技能。这并不是因为他们在动作协调方面有问题，而是因为他们没有在双手中获得足够的触觉反馈。

让家庭或教室有助于孩子自我调节的方法

- 如果您拿不准应该使用哪种策略（例如，孩子无法说出他们的感受，或者您无法根据自己的观察判断出他们自我调节的状态），那么就使用“本体感觉输入”的练习，这类方法是您或您的孩子/学生可以使用的最强大、最可靠的感官输入练习。在孩子的主动运动中，本体觉系统可以得到最大程度的激活，所以，您可以考虑让孩子做下面这些练习：按摩手臂、按摩双手、向下推座椅、使用有硬度的把玩件，等等。如果他们做不到，那么采用被动的“本体感觉输入”总是没错的（在膝盖上放有重量的垫子、穿有重量的马甲背心、共同按压）。

- 共同按压：如果您的孩子/学生在自我调节方面有很大的困难，那么您可以为他们提供这种形式的深度压力（“本体感觉输入”）。我在自己的临床实践中是这样做的：两只手搭在孩子的肩膀上，用力（但不要过度用力）做按压。我会向下移动到他们的手腕、手指、膝盖和脚踝做按压。

在做这种按压前，必须要征得孩子的同意，特别是，如果孩子呈现出任何类型的触觉敏感的话，务必要先问再做。您也可以修改“随时随地让身体休息一下”中的“按摩手臂”练习来为孩子提供深度压力，方法是用您自己的双手代替孩子的双手去做按摩。

- 如果孩子表现出触觉过度敏感、身体意识差、冲动或个人空间感知困难等状况，那么您可以在他们活动的地毯边缘或他们使用的桌子边缘贴上一圈明亮的保护胶带，范围可以贴得稍大一些。当孩子们能待在胶带圈之内时，就表扬他们。随着他们身体控制能力和知觉能力的提高，逐渐缩小他们的空间边界。

- 对于在场景之间转换有困难的孩子，在教室外（对于学校环境来说）或在远离家人的区域（对于家庭环境来说）完成“让身体彻底休息”练习可能会难度太大。那么，我们何不就在教室内或家庭区域内指定一块地方作为“让身体彻底休息”的空间呢？对于难以安定下来完成练习的孩子，您可以将本书中“让身体彻底休息”中第一个动作“推墙”那一页复印后贴在墙上，作为身体姿势练习的视觉提示。

- 昏暗的灯光让人平静，而且可以减少视觉涣散。您可以考虑使用自然光或白炽灯代替荧光灯。
- 当孩子做家庭作业或在教室里做练习 / 活动时，您可以播放柔和的古典音乐作为背景音乐，它可以引导孩子平静和进行积极的自我调节。
- 为了改善在场景之间转换的困难（无论是在教室里，还是在家里穿着睡衣睡裤），您可以考虑播放一首平静的歌曲（可以有人声歌唱）。在所有场景转换时都可以利用这一点来改善孩子的运动规划、条理性和时间管理技能。
- 布置教室的时候应尽量避免把物品从天花板上垂挂下来，因为对那些视觉信息过度敏感的孩子来说，这些东西会在视觉上分散他们的注意力。
- 对于在活动之间转换有困难的孩子，您可以考虑使用视觉时间表。这将使孩子了解成人对他的期望是什么，并消除潜在的让他们感到吃惊的情况。能够预测一整天会发生什么的孩子通常更容易自我调节。

- 社交故事（Social Stories™）是一种简单的、意义重大的故事，一种为解释情况、技能或概念而编写的故事。它可以分享准确的社交信息。围绕困难情况创作一个社交故事，可能是缓解对特定行为、特定事件的焦虑，加强或改善日常适应习惯、社交技能和自我调节的有益方式。
- 我经常为我家的三个孩子和我治疗的孩子们创作我自己的伪社交故事，这些故事并不符合正式社交故事的所有标准，但却非常有效。我最近给我女儿写了一个迷你社交故事《莉安娜可以好好睡觉》，它成了我们"感官角"书箱的一部分。
- 在孩子做他们并不那么喜爱的任务期间使用视觉计时器（例如钟表）通常会提高孩子的注意力和动力，让孩子能够完成手头的任务。因为计时器可以直观地表示出预计他们还需要工作多长时间。您可以让孩子们每工作一段时间（使用计时器来控制时间）就休息 2~3 分钟。在这 2~3 分钟的休息时间里使用本书，允许孩子从“随时随地让身体休息一下”“使用工具”和“让身体彻底休息”三类策略中做出选择。给孩子提供一种可以由他们自己来控制休息时间的感觉，可以提高他们对任务和自我调节的关注，也能提高他们完成自己被要求去做的事情的动力。

- 如果您发现您的孩子 / 学生看起来昏昏欲睡或注意力不集中，请让他们进行任何能跨越中线的练习。这将促进大脑的两个半球相互“交谈”，从而提高注意力。例如：手臂饼干圈、给自己一个拥抱、军人爬。

- 如果您观察到您的孩子经常在他们所处的环境中触摸物体，但却想要扔掉您给他们的把玩件的话，不妨试试这个：将一个把玩件或挤压球栓到钥匙链上，然后把钥匙链挂在孩子的腰带上。另一种选择是：把自粘魔术贴粘在桌子下面、椅子下面甚至地板上（让他们无法把它扔掉）。

- 紧身马甲背心的同款低价版：试试给孩子购买紧

身的运动上衣和短裤。这些衣服的氯丁橡胶材料成本很低但却可以提供很大的收缩力。

- 为了提高您的孩子想要穿戴紧身衣物和加重衣物的动力，您可以让他们自己用织物图案来装饰那些衣服。我让孩子们用超人、蝙蝠侠、神奇宝贝等图案装饰他们的压缩服和加重马甲背心，相信我，孩子们穿上这些衣服时会感觉他们自己就像超级英雄一样。

附　录

附录一

我看到你冷静下来了

这张图表通过将有效使用策略（即孩子们通过使用书中的策略，在行为上产生了积极的、可观察的变化）与预先确定的奖励联系起来的方法，让您的孩子/学生更愿意、更有动力去使用本书到处都会提到的练习、策略和工具。当您“捕捉”到您的孩子或学生在使用这些策略的过程中变得冷静而投入了，给予他们热情的赞扬和星星贴纸（在附录一末尾），孩子们就会更有动力使用这些练习、策略和工具。奖励可以很简单，比如允许孩子在操场上多玩五分钟，或者带孩子去冰淇淋店！

您将需要的东西：

- 圆点魔术贴。
- 剪刀。
- 拉链袋。

想要充分利用此图表，就请将其装订起来或覆上保护膜。剪下附录一末尾的“随时随地让身体休息一下”“使用工具”和“让身体彻底休息”的诸多选项。把剪下来的方块放入拉链袋中，然后把拉链袋放在方便拿取的地方。与您的孩子 / 学生共同决定他或她认为哪种策略 / 练习能最有效地让他们感觉“刚刚好”。将图表放在容易被看见的位置，这不仅会提醒他们要采取哪些策略，也会用他们得到了多少颗星星来提醒他们自己获得了哪些进步，还能提醒他们自己在努力争取什么奖励。

替代方案：如果您不想把所有的策略剪下来，并且您觉得孩子可以很容易地按照标记项目旁边写的或画的去做，那么，在塑封的图表上绘制策略和星星也同样有效！

我看到你冷静下来了!

我做了身体休息练习并使用工具让我自己感觉“刚刚好”。这全都是自己完成的!

儿童姓名:__________　　奖励:__________

身体练习 / 策略 / 工具的选择:

星星:

儿童姓名：__________ 奖励：__________

身体练习 / 策略 / 工具的选择：

星星：

随时随地让身体休息一下（图片）：

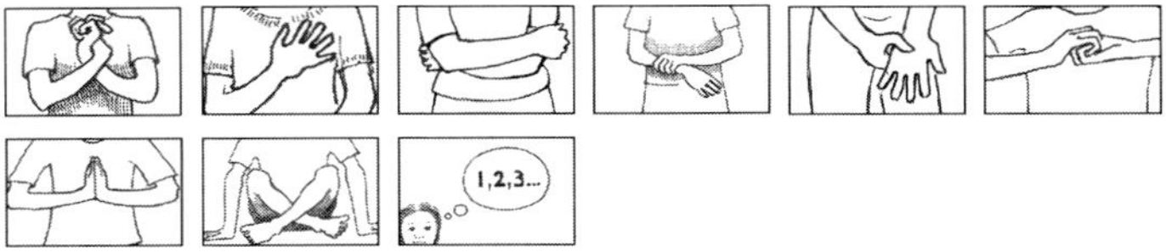

使用工具（图片）：

 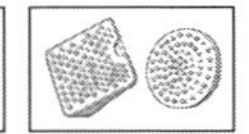 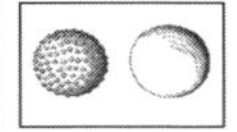 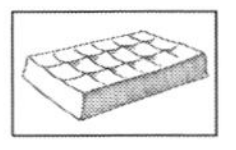  
 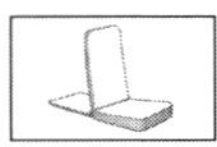 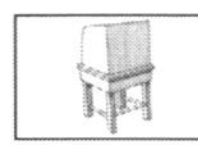 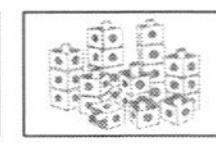  

让身体彻底休息（图片）：

 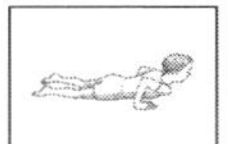 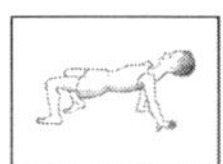   

星星：

附录二

自我观察清单

使用说明：这个工具会进一步帮助孩子们标记自己的感受，然后为他们应对这些感受提供行动的方法。这个工具会使用本书中提到过的方法，并通过视觉对它们进行强化。您可以把这里提供的页面复印下来进行塑封，然后打上孔穿在一起，从而提高它们的耐用性并方便拿取；而且，如果您将这些页面做了塑封，那么您的孩子就可以在上面写字并一遍又一遍地重复使用它们了。请务必留意那些作为线索的符号，它们可以让您快速了解这些策略将会在哪些方面提供帮助！

随时随地让身体休息一下

随时随地让身体休息一下	图片	选择（把所有你需要用来让自己感觉“刚刚好”的动作打上钩）
手臂饼干圈		
吹泡泡呼吸法		
给自己一个拥抱	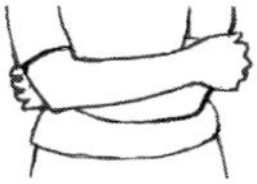	
按摩手臂	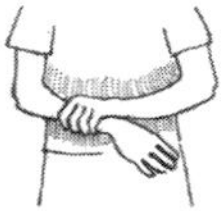	
按摩双手		
拉手指		

（续）

随时随地让身体休息一下	图片	选择（把所有你需要用来让自己感觉“刚刚好”的动作打上钩）
推手掌		
向下推座椅		
数到十	1,2,3...	

你是否以正确的方式使用了动作？如果是，那么在完成之后给那些让自己感觉“刚刚好”的动作打个钩✔。

你觉得自己“刚刚好”吗？如果是，那么就画一个表示“刚刚好”的笑脸吧！☺

使用工具

工具	图片	选择（把所有你需要用来让自己感觉“刚刚好”的工具打上钩）
降噪耳机		
坐垫	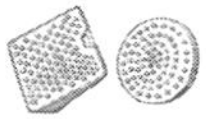	
把玩件	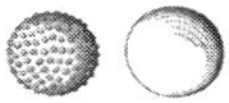	
放在腿上或肩膀上的重垫子	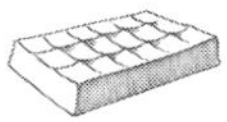	
有重量的马甲背心		
紧身马甲背心 / 紧身衣		
摇椅		
榻榻米靠背椅		
桌子围挡	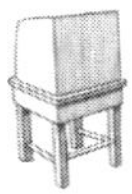	

（续）

工具	图片	选择（把所有你需要用来让自己感觉“刚刚好”的工具打上钩）
需要用手操作的东西		
口香糖		
带吸管的水杯		
脆脆的零食、酸味或辣味的食品、冷冻的食品		

你是否以正确的方式使用了工具？如果是，那么在完成之后给那些让自己感觉“刚刚好”的工具打个钩✔。

你觉得自己“刚刚好”吗？如果是，那么就画一个表示“刚刚好”的笑脸吧！☺

让身体彻底休息

让身体彻底休息	图片	选择（把所有你需要用来让自己感觉“刚刚好”的动作打上钩）
推墙		
军人爬		
螃蟹爬		
站姿交叉爬		
超人姿势		
开合跳		
占用空间		

你是否以正确的方式使用了动作？如果是，那么在完成之后给那些让自己感觉“刚刚好”的动作打个钩✔。

你觉得自己“刚刚好”吗？如果是，那么就画一个表示“刚刚好”的笑脸吧！☺

附录三
标记自己的感觉

使用说明：这个工具会进一步帮助孩子们标记自己的感觉，然后为他们应对这些感觉提供行动的方法。这个工具会使用本手册中学过的策略，并通过视觉对它们进行强化。这个工具体积很小，因此很容易放入孩子的口袋中，让他们在学校上学的时间里（尤其是那些他们可能会遇到困难的时间里，例如课间休息、午餐、去看牙医的路上或其他计划外的让他们高度敏感的时间）一直带在身上。您可以把这里提供的页面复印进行塑封来提高它们的耐用性；而且，如果您将这些页面做了塑封，那么您的孩子就可以在上面写字并一遍又一遍地重复使用它们了。

给感觉做上标记！

我现在感觉……	“缓慢而疲倦”	“快速而情绪化”	“快速而摇摆不定”
我需要……	随时随地让身体休息一下	使用工具	让身体彻底休息
我需要……	成年人的帮助	使用我自己的词语	其他：
我需要……	医疗帮助	使用这本书	其他：

附录四
一目了然：资源图表

好吧，有时作为一个需要帮助孩子的成年人（无论您是家庭成员、老师还是治疗师），无论您需要帮助的是一个还是十个孩子（他们在调节自己的身体或情绪方面有困难，或对这两者的调节同时都有困难），拥有一份“考试小抄”不仅很有帮助而且很有必要。您可以阅读书中“关于主要感觉系统的一些重要信息”的部分，它应该能为您提供更多的信息来帮助您确定您的孩子是否感觉“缓慢而疲倦”“快速而情绪化”或“快速而摇摆不定”（或几种兼而有之）。坚持使用本书，您的孩子应该能够更准确地判断他们自我调节的状态。在那之前，您可以把下面这些快速提示表当做辅助工具，以便更快更好地帮助您的孩子感到“刚刚好”和自我控制！

缓慢而疲倦

手臂饼干圈	带吸管的水杯
给自己一个拥抱	紧身马甲背心 / 紧身衣
按摩双手	军人爬
向下推座椅	超人姿势
把玩件	吹泡泡呼吸法
榻榻米靠背椅	按摩手臂
桌子围挡	推手掌

（续）

坐垫	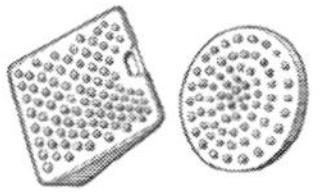 螃蟹爬 
口香糖	 推墙 
脆脆的零食、酸味或辣味的食品、冷冻的食品	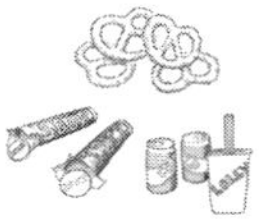 开合跳 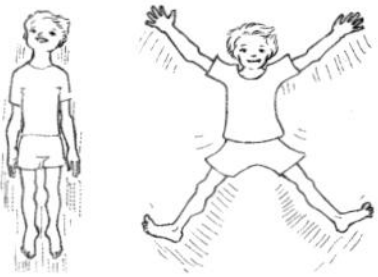
站姿交叉爬	

快速而情绪化

吹泡泡呼吸法	需要用手操作的东西
按摩手臂	带吸管的水杯
拉手指	摇椅
向下推座椅	超人姿势
把玩件	给自己一个拥抱
紧身马甲背心 / 紧身衣	按摩双手

（续）

推手掌	 口香糖 
数到十	 占用空间 
降噪耳机	 军人爬 
放在腿上或肩膀上的重垫子	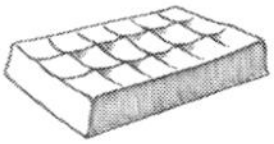 推墙 
有重量的马甲背心	

快速而摇摆不定

手臂饼干圈	口香糖
吹泡泡呼吸法	占用空间
按摩双手	军人爬
推手掌	螃蟹爬
数到十	给自己一个拥抱
把玩件	按摩手臂
有重量的马甲背心	拉手指
摇椅	向下推座椅

（续）

降噪耳机		带吸管的水杯	
坐垫	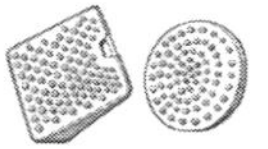	推墙	
放在腿上或肩膀上的重垫子	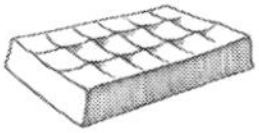	超人姿势	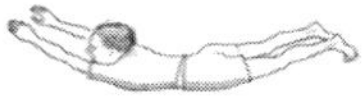
紧身马甲背心 / 紧身衣		站姿交叉爬	
需要用手操作的东西			

附录五

总结页面

这是一份快速使用指南，您可以复印并放置在一个安静的区域、家庭作业区或课堂工作区，或者您希望孩子快速想起本书要点的任何地方。

快速使用指南

1. 你应该先从“随时随地让身体休息一下”开始。如果这还不够，你可以试试“使用工具”。如果还不够，就试试最后一个策略“让身体彻底休息”。

2.“让身体彻底休息”应该持续不超过 3 分钟。如果你需要别人帮你计时，可以让身边的大人帮你。

3. 把玩件使用规则：眼睛注视父母或老师，把玩件不能离手（它们不是玩具）；有纹理的把玩件能让你清醒，硬的把玩件能让你平静下来。

4. 如果你选择能让自己感觉“刚刚好”的练习并且以正确的方式去做的话，这些策略就会奏效。

5. 重要的是要记住以正确的方式进行这些练习和策略（不要太快，不要太慢，并且要用力）。记住比萨和炸鸡的例子！

6. 一般来说，如果你感觉“缓慢而疲倦”（并且想要唤起自己的身体），那么你的身体休息动作应该是快速而短暂的。

7. 一般来说，如果你感觉 “快速而情绪化”或“快速而摇摆不定”（并且想让自己的身体平静下来），那么你的身体休息动作应该是缓慢的且更加用力的。

8. 在没有别人提醒的情况下，你做这些身体休息练习的次数越多，你就能越快地感觉“刚刚好”。

9. 如果你对感觉“刚刚好”有任何疑问的话，可以去咨询职业治疗师、老师（或你的父母或其他可以帮助你的成年人）。